ABHANDLUNGEN DER SÄCHSISCHEN AKADEMIE
DER WISSENSCHAFTEN ZU LEIPZIG

Mathematisch-naturwissenschaftliche Klasse

Band 52 · Heft 5

HORST HANSON

EIWEISSUMSATZ UND DIFFERENZIERUNGSVORGÄNGE TIERISCHER ZELLEN

Mit 13 Abbildungen

AKADEMIE-VERLAG · BERLIN
1974

Vorgetragen in der Sitzung am 18. Januar 1971
Manuskript eingeliefert am 7. Mai 1973
Druckfertig erklärt am 21. November 1973

Erschienen im Akademie-Verlag, 108 Berlin, Leipziger Str. 3—4

Lizenznummer: 202 · 100/544/74
Gesamtherstellung: VEB Druckhaus „Maxim Gorki", 74 Altenburg
Bestellnummer: 761954 8 (2025/52/5) · LSV 1315
Printed in GDR

EVP 6,—

A. Prinzipien biologischer Differenzierung, Spezialisierung und Arbeitsteilung

Es erscheint zweckmäßig, am Beginn einer Darstellung der Bedeutung des intrazellulären Eiweißumsatzes lebender tierischer und menschlicher Zellen für die Vorgänge ihrer Differenzierung zu den verschiedenen Organen und Geweben von einigen allgemein bekannten Feststellungen auszugehen:

1. Auch die Entwicklung des hochdifferenzierten tierischen Organismus sowie des Menschen nimmt ihren Ausgang von einer einzigen Zelle. Bei Vertebraten (einschl. Mensch) ist dies die befruchtete Eizelle. Sie ist keine Miniaturausgabe des Phänotypus des fertigen Organismus, und sie stellt auch keine präformierte Mischung der für die funktionell so verschiedenen Zellen des künftigen Makroorganismus charakteristischen Substanzen, speziell der Zellkatalysatoren, der Enzyme, dar, die ihrer chemischen Natur nach Proteine (Eiweißkörper) sind. Trotzdem besitzt diese befruchtete Eizelle bereits alle die Potenzen, die die Entwicklung des fertigen Organismus ermöglichen:

a) Lebenserhaltung
b) Zellteilung
c) Differenzierung.

Voraussetzung für die Realisierung dieser Potenzen ist u. a. die ausreichende Zufuhr von Nährstoffen, darunter in erster Linie das für Tier und Mensch unentbehrliche stickstoffhaltige Material in Form der freien oder im Nahrungseiweiß gebundenen Aminosäuren. Auf ihre Zufuhr ist der sich entwickelnde und auch fertige Organismus zur Synthese seiner körpereigenen Proteine und Nukleinsäuren angewiesen.

2. Die der befruchteten Eizelle innewohnende Potenz zur Differenzierung bedeutet, daß im Verlaufe zahlreicher aufeinander folgender Zellteilungen die auf bestimmte Funktionen spezialisierten Zellen, in Zellverbänden oder Organen zusammengefaßt, letztlich aus dieser einzigen Zelle hervorgehen. So sehen wir, daß sich während der Embryonalentwicklung aus der einen befruchteten, sich dann laufend teilenden Eizelle u. a. die Leber als das Stoffwechsellaboratorium mit ihren Funktionen, unter anderem Verwertung und Bereitstellung des Traubenzuckers, Harnstoffbildung, Bildung und Sekretion der Galle mit Gallensäuren und Gallenfarbstoffen, entwickelt. Es kommt zur Entstehung der Nieren mit ihrer Hauptfunktion der Harnbildung. Die Skelettmuskulatur mit der Fähigkeit, spezifisch gebaute, zur Kontraktion und Erschlaffung befähigte Eiweißkörper aufzubauen, bildet sich aus, ebenso die Sinnesorgane mit ihren wunderbaren Einrichtungen, von außen kommende physikalische und chemische Reize nicht nur aufzunehmen, sondern auch den Sinnesepithelien zur Transformierung in nervöse Erregung zuzuleiten. Aus bestimmtem Grund sei in diesem Zusammenhang auch an die Entstehung der Augenlinse erinnert, die durch die Eigenschaft der Transparenz und Lichtbrechung und durch Bildung speziell dafür geeigneter Materialien (bestimmte Proteine) gekennzeichnet ist.

Die verschiedenartigen Funktionen der Zellen dieser Organe finden ihren Ausdruck in ihrem charakteristischen histologischen und elektronenmikroskopischen Bild und in ihrer biochemischen und physiologischen Unterscheidbarkeit. Grundlage der spezifischen Funktionen sind bestimmte Zellinhaltsstoffe, in erster Linie spezifisch wirksame Proteine (Enzymproteine, kontraktile Proteine der Muskulatur, Stütz- und Bindegewebe in Knochen, Sehnen, Haut usw.).

3. Durch die während der Evolution auftretende Zelldifferenzierung ist im Gesamtorganismus eine Spezialisierung der Organe und ihrer Zellen für bestimmte Funktionen und damit das Prinzip der Arbeitsteilung verwirklicht. So verfügt bei harnstoffbildenden Organismen, wie Säugetier und Mensch, praktisch nur die Leber über das Enzymsystem, das Harnstoff zu bilden vermag, der von der Niere mit dem Harn ausgeschieden wird. Die Leber enthält das Enzym, das aus Glukose-6-phosphorsäure den Traubenzucker (Glukose) freisetzt, der dann im Blut als sogenannter Blutzucker erscheint und von allen Körperzellen als wichtiger Brennstoff (Energielieferant) verwendet werden kann. Speziell die Muskulatur kann daraus durch ihre eigenen Enzymsysteme die Energie gewinnen, die sie für die Kontraktionsarbeit benötigt.

B. Substruktur der tierischen Zelle — Spezialisierung und Arbeitsteilung

Das Prinzip der Arbeitsteilung durch Differenzierung ist jedoch nicht nur auf dem Niveau des Makroorganismus mit seinen verschiedenen Organen und Geweben realisiert, sondern auch innerhalb jeder Zelle. Ihre Mikro- oder Substruktur und deren Erhaltung sind entscheidend für die Lebensfähigkeit und für die Ausführung spezifischer Funktionen. Als derartige Substrukturen oder Zellorganellen sind als wichtigste, im präparativen Maßstab voneinander trenn- und isolierbare Zellkomponenten tierischer und menschlicher, also eukaryotischer Zellen bekannt: Der Zellkern, der Nucleolus, die Mitochondrien, die Lysosomen, die Ribosomen, Golgi-Apparat, das Cytosol (s. Tab. 1 und Abb. 1).

Tabelle 1

Licht- oder elektronenoptisch sichtbar zu machende Bestandteile eukaryotischer tierischer Zellen

(modifiziert nach A. W. LEHNINGER; Biochemistry; 1970; Worth Publishers Inc.)

Bezeichnung	Molekulare Zusammensetzung	Funktionen
Kern mit Kernmembran und Nucleolus	im Kern DNA, kombiniert mit Histonen und anderen Proteinen, zu Chromosomen organisiert, die im Chromatin lokalisiert sind; im nucleolus viel RNA	Zellteilung, DNA-Replikation RNA-Bildung im nucleolus
Mitochondrien	ca. 800 Stück/Leberzelle, ca. 20% des Zellvol. Äußere und innere Membranen unterscheiden sich in Lipidzusammensetzung und enzymatischer Aktivität, Matrix enthält viel Enzyme und DNA	Oxidation von Kohlenhydraten, Lipiden, Aminosäuren durch molekularen Sauerstoff. Enzymsystem für Elektronentransport und Energieüberführung
Endoplasmatisches Reticulum und Ribosomen (Mikrosomenfraktion)	Reticulum durchzieht kanalartig das Cytoplasma, die membranartigen Wandungen sind zum Teil mit Ribosomen besetzt. Bei Zerkleinerung der Zellen (Homogenisierung) vereinigen sich die membranösen Bruchstücke des Reticulum zu kleinsten, bläschenartigen Gebilden (Mikrosomenfraktion)	Proteinsynthese durch Ribosomen, intrazelluläres Transportsystem in Reticulumkanälen, enzymatische Stoffwechselaktivitäten in Mikrosomenfraktion
Lysosomen	membranumkleidete Bläschen, die hydrolytische Enzyme (Phosphatase, Ribonuclease, Proteasen u. a.) enthalten	Verdauung von intrazellulärem, dem Abbau zugänglichen Material oder von Produkten, die die Zelle durch Phagocytose oder Pinocytose aufgenommen hat
Golgi-Komplex	abgeflachte, membranumkleidete, oft gehäuft liegende Bläschen. Vielfach Abtrennung kleinster vakuolenartiger Bläschen, in denen konzentrierte Sekretionsprodukte nachweisbar sind	Abgabe von Produkten der Syntheseleistung der Zelle (z. B. Proteine, Polysaccharide) und Beteiligung bei der Bildung der Plasma- und Lysosomenmembran

Bezeichnung	Molekulare Zusammensetzung	Funktionen
Microbodies (Peroxisomen)	membranumkleidete Bläschen, die D-Aminosäureoxidase, Uratoxidase und andere oxidative Enzyme enthalten	primitive oxidative Zellorganellen
Cytosol	strukturlos, viskös, eiweißreich	enthält Enzyme für anaeroben Stoffwechsel des Zuckers, Peptidasen u. a.; ferner Produkte des Intermediärstoffwechsels

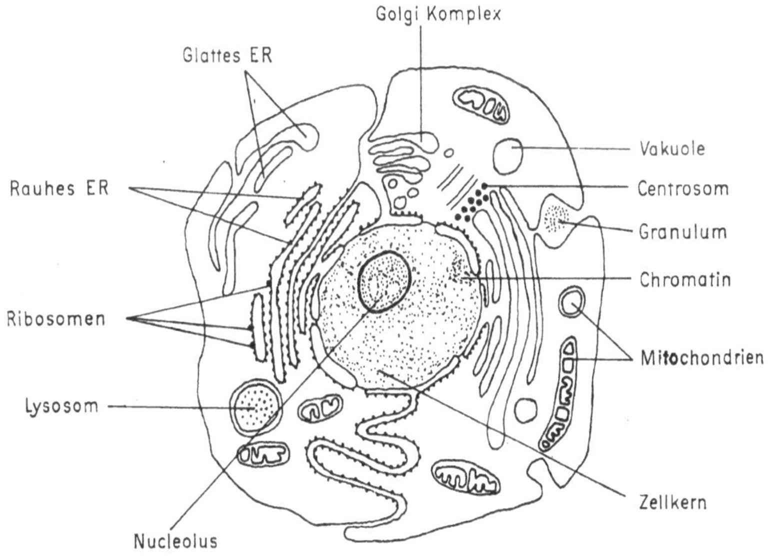

Abb. 1. Schema einer tierischen (menschlichen) Zelle (nach L. TRÄGER, Einführung in die Molekularbiologie, VEB Gustav-Fischer-Verlag, Jena, 1969)

Die Abbildung 1 veranschaulicht gleichzeitig schematisch, daß die Zelle als ein von Membransystemen umgebenes und durchzogenes, stark kanalisiertes, drainiertes System aufzufassen ist, das in sich nicht starr ist, sondern sich partiell auflösen und neu bilden kann. Diese Substrukturen sind allen Zellen gemeinsam. Gewisse quantitative Unterschiede in der Zahl der verschiedenen Zellorganellen finden sich in Abhängigkeit von der Funktion der Zellen. Aber es gibt viele gemeinsame Funktionen aller Zellen, für deren Ausführung sie auch über die gleichen Zellorganellen verfügen. Das betrifft z. B. die Energiegewinnung mit Hilfe der Mitochondrien (s. Tab. 1), die Synthese der Zellproteine oder auch der nach außen abzugebenden Sekretproteine, wie die Enzyme des Pancreassaftes oder der in der Leber gebildeten Blutplasmaproteine unter Mitwirkung der Ribosomen, ferner die Einrichtungen in der Zelle für Stoffum- und -abbau, so für den intrazellulären Eiweißumsatz. Auch ist die Zelle in der Lage, partiell oder total unverdauliches Material, das sie durch Phagocytose oder Pinocytose aufgenommen hat, wieder nach außen abzugeben, nachdem das phagocytierte Material (in Phagosomen) der Einwirkung der stark verdauend wirkenden Lysosomen ausgesetzt war (sekundäre Lysosomen).

Alles spricht dafür, daß die primären Lysosomen mit ihren stark hydrolytisch wirkenden Enzymen in der Zelle anfallendes, nicht mehr funktionsfähiges zelleigenes Material, etwa „alte" Mitochondrien in solche Verdauungsvorgänge einbeziehen, auflösen und der Zelle in Form von im Stoffwechsel weiter verwendungsfähigen Produkten wieder zur Verfügung stellen.

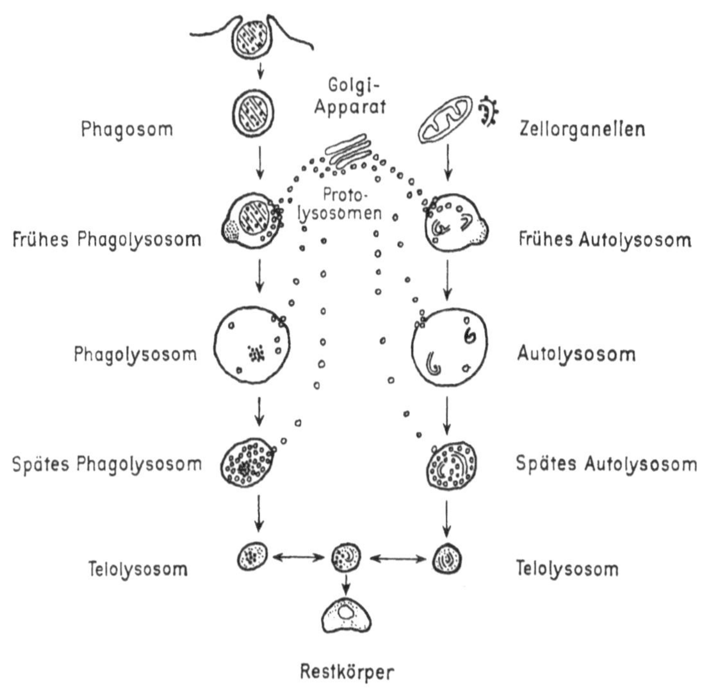

Abb. 2. Lysosomenbildung und Lysosomenfunktion (nach W. STRAUS "Lysosomes, Phagosomes and related Particles" in D. B. ROODYN (Hrsg.) "Enzyme Cytology", Academic Press, London – New York, 1967)

C. Lebensdauer der Zellen, ihrer Organellen und Proteine

Es ist bekannt, daß die Lebensdauer der Zellen, ihrer Organellen und übrigen Inhaltsstoffe je nach Organ, Tierspecies, Zellorganelle und Substanzart begrenzt und unterschiedlich ist.

Tabelle 2
Lebensdauer von Zellen
(nach H. M. RAUEN; Biochemisches Taschenbuch, 2. Aufl. 1964, Springer-Verlag)

Zellart	Species	Lebensdauer (in Tagen)
Erythrocyt	Mensch	110–130
	Schwein	60– 65
	Ratte	50
Lymphocyt	Mensch	3–4
	Ratte	0,3
Epithelzellen (Magen u. Darm)	Ratte	1–6
Leberzelle	Ratte	bis 450
Ganglienzellen	Mensch	bis zu lebenslang

Die Zellen bleiben in den in der Tabelle 2 aufgeführten und für sie charakteristischen Zeiträumen in Gestalt und Funktion im wesentlichen erhalten, wobei ihre Funktion weitgehend regulatorischen Einflüssen durch Hormone, Stoffwechselprodukte, Milieubedingungen unterliegt. In der Zelle laufen jedoch ständig Wandlungs- und Stoffwechselprozesse ab, in die die Zellstrukturen einbezogen sind. Das heißt, die Zellinhaltsstoffe einschließlich der Zellorganellen besitzen eine viel kürzere Lebensdauer als die Zelle selbst und müssen, sofern die Zelle lebens- und funktionsfähig bleiben soll, ständig erneuert werden (Tab. 3).

Tabelle 3

Halbwertszeiten von Proteinen der Zellbestandteile von Rattenlebern

(nach R. T. SCHIMKE "Enzyme Levels in Mammalian Tissues" in B. L. HORECKER und E. R. STADTMAN (Hrsg.) "Current Topics in Cellular Regulation", Vol. 1, Academic Press, New York—London, 1969)

Fraktionen	Mittlere Halbwertszeit
Homogenat	3,3
Kern	5,1
Mitochondrien	6,8
Lysosomen	7,1
Mikrosomen	3,0
Überstand (Cytosol)	5,1
Weiches endoplasmatisches Reticulum	2,1
Rauhes endoplasmatisches Reticulum	2,0
Plasmamembran	1,8

Halbwertszeiten von Rattenleberbestandteilen (in Tagen). Beziehung zwischen mittlerer Lebensdauer T (s. Tab. 2) und biologische Halbwertszeit $t/2$; $T = t/2 \cdot 1{,}44$

Im unteren Teil der Tabelle 4 sind verschiedene Enzyme aufgeführt, die sich, abgesehen von ihren unterschiedlichen intrazellulären Lokalisationen, auch erheblich in ihren Halbwertszeiten unterscheiden, z. B. Cytochrome der Mitochondrien $t/2 = 10$ Tage, Tryptophanpyrrolase $t/2 = 0{,}1$, also 2,4 Std. Da in der lebenden Zelle die Organellen und sonstigen Zellinhaltsstoffe unter Berücksichtigung der regulatorisch und funktionell bedingten Schwankungen absolut und in ihren Relationen zueinander der Größenordnung nach konstant bleiben, müssen also in der Zelle Auf- und Abbauprozesse gesteuert und reguliert nebeneinander ablaufen. Das gilt naturgemäß in gleicher Weise für die einzelnen Proteinmoleküle als Hauptbestandteil der Zellstrukturen, der Enzyme und sonstiger zellulärer Struktur- und Funktionsproteine, z. B. Peptid- und Proteo-Hormone, wie Insulin u. a. Auch sie haben, wie Tabelle 4 zeigt, nach Art ihres Vorkommens und in Abhängigkeit von ihrer Funktion sehr wechselnde Lebensdauer (Halbwerts-

Tabelle 4

Halbwertszeiten verschiedener Proteine (in Tagen)

Proteine	$\frac{t}{2}$ (Tage)
Gesamt-Protein-N (Mensch)	80
Leber- und Plasma-Protein-N (Mensch)	10
Protein-N anderer innerer Organe (Mensch)	20
Albumin (Mensch)	20
Albumin (Kaninchen)	7— 8,5
γ-Globulin (Mensch)	18— 19
γ-Globulin (Kaninchen)	6
Protein-N von Haut, Muskulatur, Skelett usw. (Mensch)	158
Reifes Kollagen (Ratte)	50—300
Kollagenvorstufen (Ratte)	1— 5
Histone	18
Cytochrom C	10
Arginase	4,5
Alaninaminotransferase	3,5
Katalase	1,0
Amylase	0,17
Tryptophanpyrrolase	0,08
Tyrosinaminotransferase	0,06
δ-Aminolaevulinsäuresynthetase	0,04

zeiten). Als Ursache für die nicht lange effektive blutzuckersenkende Wirkung des Peptidhormones Insulin ist sein schneller intrazellulärer Abbau verantwortlich zu machen. Als Halbwertszeit für Insulin werden 5—35—80 Min. angegeben, gemessen am Schwund des Hormons aus der Blutbahn (KARLSON, PFEIFFER).

D. Intrazelluläre Proteobiosynthese und Proteolyse und das Gleichgewicht — Ungleichgewicht zwischen beiden Vorgängen

Im lebenden Organismus genau so wie in der lebenden Einzelzelle laufen Proteinsynthese und Proteinabbau parallel und stehen miteinander in einem regulierbaren Gleichgewicht. Auf die Zellen des Blutes bezogen, bedeutet das, daß z. B. trotz begrenzter Lebensdauer der Erythrocyten und weißen Blutzellen ihre Gesamtzahl im wesentlichen gleich bleibt. Proteinsynthese und Proteinabbau (Proteolyse) werden in der Zelle so gesteuert, daß das für die jeweilige Zelleistung erforderliche spezifische Protein zur Verfügung steht und je nach Veränderung der Funktion der Zelle vermehrt oder vermindert oder überhaupt nicht mehr synthetisiert bzw. wenig oder stark bis zum Verschwinden abgebaut wird. Somit kann eine höhere Konzentration an einem bestimmten Zellprotein, z. B. einem Enzym in der Zelle dadurch zustande kommen, daß die Eiweißsynthese (Proteinbiosynthese) verstärkt oder aber der Eiweißabbau (Proteolyse) eingeschränkt wird oder beides zusammen erfolgt. Dementsprechend kann die geringere Konzentration eines Proteins in der Zelle durch eingeschränkte Proteinbiosynthese oder verstärkte Proteolyse oder beides zusammen verursacht sein. In extremen Fällen, und das ist offenbar bei den Zelldifferenzierungsvorgängen der Fall, kommt es zur Herausbildung von Zellen, die durch Änderung der Genaktivitäten bestimmte Proteine (Enzyme) nicht mehr synthetisieren können, jedoch andere vermehrt zu bilden vermögen. Das kann zur Foge haben, daß ein neu oder vermehrt gebildetes Enzymprotein, sofern es in der Lage ist, andere zelluläre Proteine vermehrt abzubauen, diese in der Zelle stark vermindert oder zum Verschwinden bringt, während ein anderes parallel dazu synthetisiertes Enzymsystem unter Mitwirkung der dazugehörigen Nucleinsäure bestimmte Funktionsproteine verstärkt aufzubauen vermag. Dadurch ist die Möglichkeit gegeben, daß sich eine noch wenig spezialisierte Zelle zu einer solchen mit hochspezialisierten Funktionen, z. B. einer Muskelzelle, differenziert. Es sei in diesem Zusammenhang nur darauf hingewiesen, aber nicht im einzelnen erörtert, daß für Funktionsänderungen der Zelle und Differenzierungsvorgänge in ihnen besondere endogene, regulierende Faktoren, die sowohl die Bildung der Enzyme wie auch ihre Aktivität beeinflussen, teils nachgewiesen, teils angenommen werden, über die Struktur und Wirkungsweise bisher jedoch relativ wenig bekannt ist. Erwähnt seien einige geläufige Beispiele: Die nur im Wasser lebensfähige Kaulquappe mit Kiemenatmung und mächtigem Ruderschwanz metamorphosiert zum auf dem Land lebensfähigen Frosch mit Lungenatmung unter starker Rückbildung, also Auflösung und Resorption aber nicht Abstoßung des Schwanzes. Der Flußlachs wandert stromaufwärts zu seinen Laichplätzen ohne Nahrungsaufnahme. In dieser Zeit kommt es zur starken Vergrößerung der Gonaden auf Kosten des Abbaues von Muskeleiweiß, das mit seinen Aminosäuren das Aufbaumaterial für die Gonaden liefert. Bei Säugetier und Mensch wird nach einer Geburt der mächtig entwickelte muskulöse Uterus zurückgebildet, d. h., es werden insbesondere seine Muskelproteine enzymatisch abgebaut und in Form der Aminosäuren dem übrigen Körper zur Synthese von anderen Proteinen zur Verfügung gestellt, z. B. der Milchdrüse zur Synthese der Milchproteine (Casein usw.). Aus solchen Beispielen wird offensichtlich, daß Differenzierungsvorgänge sehr eng mit dem Eiweißumsatz, und zwar mit dem Umsatz zellspezifischer Proteine verknüpft sind. Aber auch bestimmte Stoffwechselprozesse ausdifferenzierter Zellen werden vom Umsatz der an diesen Stoffwechselprozessen beteiligten Enzymproteine gesteuert, und zwar in Abhängigkeit sowohl von exogenen wie endogenen Faktoren. Am Beispiel der Arginase, also des Enzyms bei Säugetier und Mensch, das bei der Harnstoffsynthese in der Leber eine wichtige Rolle spielt, sei die Bedeutung des exogenen Faktors „Nahrung", speziell ihr Eiweißgehalt, für die Menge des Enzyms in der Leber erörtert. Aus Tabelle 5 ist ersichtlich, daß die spezifische Aktivität der Arginase der Rattenleber bei Tieren, die 14 Tage eine Diät mit 70% Casein erhielten, 2–3mal so hoch liegt wie bei einer Kost mit 8% Casein. Diese Aktivitätsunterschiede konnten auf Unterschiede

Tabelle 5

Wirkung der Nahrung auf spezifische Aktivität, Synthese und Abbau der Rattenleberarginase (nach R. T. SCHIMKE, 1969)

Nahrung	Aktivität (μ Mole/g Feuchtgewicht $\times 10^{-3}$)	Halbwertszeit (Tg)	k_A (Tg^{-1})	k_s (Einheiten/g/Tg 10^{-3})
8% Casein	20,2	5,2	0,13	2,6
30% Casein	36,7	4,8	0,14	5,2
70% Casein	56,1	4,6	0,15	8,4

K_A = Abbaukonstante (Geschwindigkeitskonstante 1. Ordnung)
k_s = Synthesekonstante (Geschwindigkeitskonstante 0. Ordnung)

der Arginasemenge der Leber zurückgeführt werden. Ohne hier auf experimentelle Einzelheiten eingehen zu wollen, konnten SCHIMKE und Mitarbeiter (1969) zeigen, daß die unterschiedlichen Enzymmengen durch Änderungen der Synthese- und Abbaugeschwindigkeiten des Enzymproteins zustande kommen. Aus Abbildung 3 ist zu entnehmen, daß Ratten bei 8% Casein der Nahrung im Durchschnitt eine Menge von knapp 3 mg Arginase in der Leber besitzen, und daß Synthese und Abbau des Enzymproteins miteinander im Gleichgewicht stehen. 6tägiger Hunger führt zum sofortigen Anstieg der Arginasemenge bis auf ca. das doppelte, durch Zunahme der

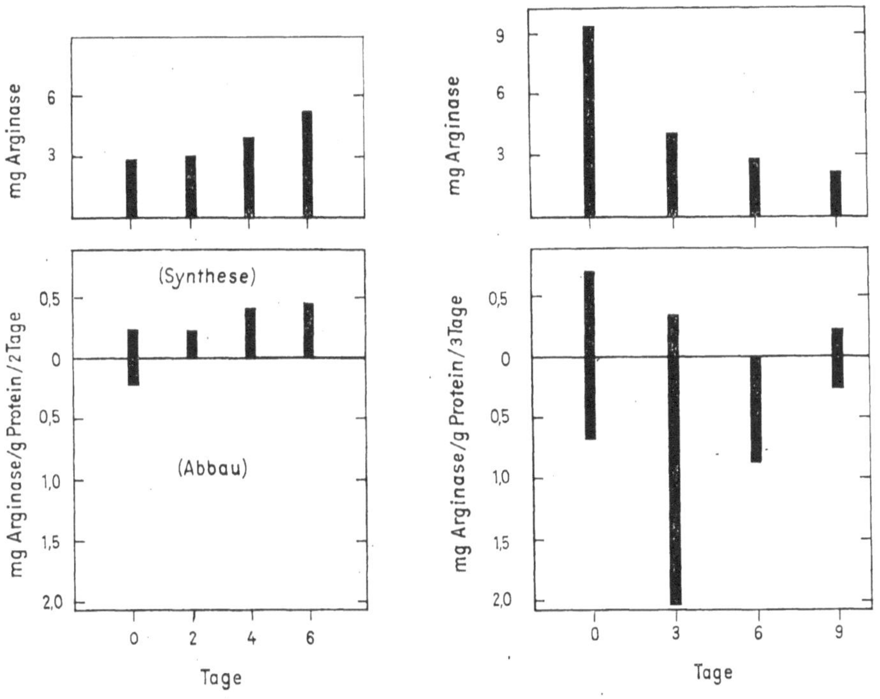

Abb. 3. Synthese- und Abbaugeschwindigkeiten der Rattenleberarginase während Hunger (links) und Anwendung von 70% oder 8% Casein-haltiger Nahrung (rechts)

Synthese und Verschwinden des Abbaus des Enzyms. Umsetzung der Tiere von ihrer 8%-Casein-haltigen Kost auf eine solche mit 70% hatte nach 14 Tagen eine auf etwa das dreifache vermehrte Arginasemenge in der Leber zur Folge, wobei die erhöhte Synthesegeschwindigkeit mit der ebenfalls gesteigerten Abbaurate ins Gleichgewicht kam. Dieses wurde sofort wieder durchbrochen, wenn die Kost mit 70% Casein durch eine solche mit 8% ersetzt wurde: bereits nach 3 Tagen war ein deutlicher Abfall der Arginasemenge der Leber, bedingt durch starke Zunahme des Enzymabbaues und Abnahme der Synthese festzustellen; nach 9 Versuchstagen mit einer Kost mit 8% Casein war dann das Gleichgewicht wieder hergestellt, d. h., die synthetisierte war gleich der abgebauten Enzymmenge, und der absolute Arginasegehalt der Leber entsprach etwa dem Ausgangswert bei der 8%-Casein-Diät.

Aus dem angeführten Beispiel der Arginase ist also abzuleiten, daß die Menge dieses Enzyms in der Leber und damit ihre Fähigkeit, mehr oder weniger Harnstoff zu bilden, abhängt vom Verhältnis der Synthese des Enzymproteins zu seinem Abbau, oder kinetisch formuliert von den Geschwindigkeitskonstanten für die Synthese und für den Abbau. Nach SCHIMKE (1970) und SCHIMKE und DOYLE (1970) läßt sich für die Beziehung zwischen Änderung der Menge eines Enzyms und den Geschwindigkeitskonstanten seiner Synthese und seines Abbaus folgende Formulierung geben:

$$\frac{dE}{dt} = k_s - k_A \cdot E$$

wobei E die Enzymmenge in Einheiten pro g Organ, k_s die Geschwindigkeitskonstante 0. Ordnung für die Synthese und k_A diejenige 1. Ordnung für den Abbau des Enzyms bedeuten. Für den Gleichgewichtszustand (steady state), also synthetisierte Menge gleich abgebauter Menge Enzym, ergibt sich

$$\frac{dE}{dt} = 0 : k_s = k_A \cdot E$$

$$E = \frac{k_s}{k_A}$$

Die Enzymmenge oder der Enzymspiegel ist also abhängig vom Verhältnis k_s zu k_A. Es läßt sich ableiten, daß die Zeitdauer bis zu einem neuen steady state mit anderen k_s- und k_A-Werten, wie sie durch hormonale, Ernährungs- oder andere physio-pathologische Einflüsse bewirkt werden, nur von der neuen Abbaukonstanten k_A' abhängt. Da nun die k_A-Werte für verschiedene Proteine sehr heterogen sind, wird der zeitliche Verlauf eines Aktivitätsanstieges für jedes Enzym variieren, auch wenn die Synthesegeschwindigkeiten aller Proteine im gleichen Ausmaß ansteigen. Wenn also ein k_A-Wert groß ist — das bedeutet kurze Halbwertszeit des Proteins —, dann besteht große Wahrscheinlichkeit, daß der Enzymspiegel in kurzen Zeiten signifikant durch Beeinflussung sowohl von k_s und k_A verändert werden kann.

E. Enzymatische Mechanismen der intrazellulären Proteolyse

Für das Verständnis der Regulierung des Umsatzes bestimmter spezifisch wirksamer Proteine wie von Enzymproteinen ist also die Analysierung von 2 Vorgängen in der Zelle gleich wichtig: Proteinbiosynthese und Proteinabbau (Proteolyse). Tiefere Einblicke sind auf Grund der Arbeiten der letzten 20 Jahre auf dem Gebiet der Proteinbiosynthese gewonnen worden. Bei der intrazellulären Proteolyse, die unter den gegebenen physiologischen Bedingungen der lebenden Zelle nur durch zelleigene proteolytische Enzyme (Proteasen) bewirkt werden kann, ist man von einer genaueren Kenntnis der Vorgänge in der Zelle, ihrer Lokalisation, Koordinierung und Regulierung noch weit entfernt. Bei unseren eigenen Untersuchungen zu dieser Problematik beschäftigen wir uns in erster Linie mit den intrazellulär ablaufenden proteolytischen Erscheinungen und den dabei beteiligten Enzymen, worauf in den folgenden Ausführungen näher eingegangen werden soll. Wir konnten bald feststellen, daß für die Systematisierung, Charakterisierung und Differenzierung dieser Enzyme die bisher meist übliche Orientierung nach den sezernierten proteolytischen Enzymen des Magen-Darm-Traktes, also Pepsin, Trypsin, Chymotrypsin, Elastase und sogenannte Exopeptidasen nicht ausreicht. Der zusammenfassende alte klassische Name für die intracellulären Proteasen, Kathepsine, wird den bestehenden Verhältnissen nicht gerecht, sofern man unter Kathepsinen nur jene bei saurem pH (3,5—4,5) optimal wirksamen Enzyme, also die sauren Proteasen, versteht.

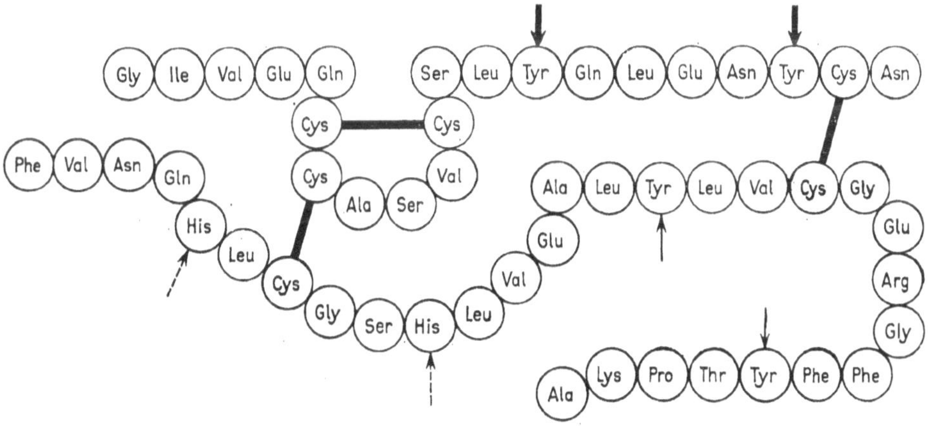

Abb. 4. Aminosäuresequenz des Insulinmoleküls
↓ = Stellen starker radioaktiver Markierung bei Einwirkung von ^{125}J
↓ = Stellen schwächerer radioaktiver Markierung
↓ = Stellen geringster ^{125}J-Markierung

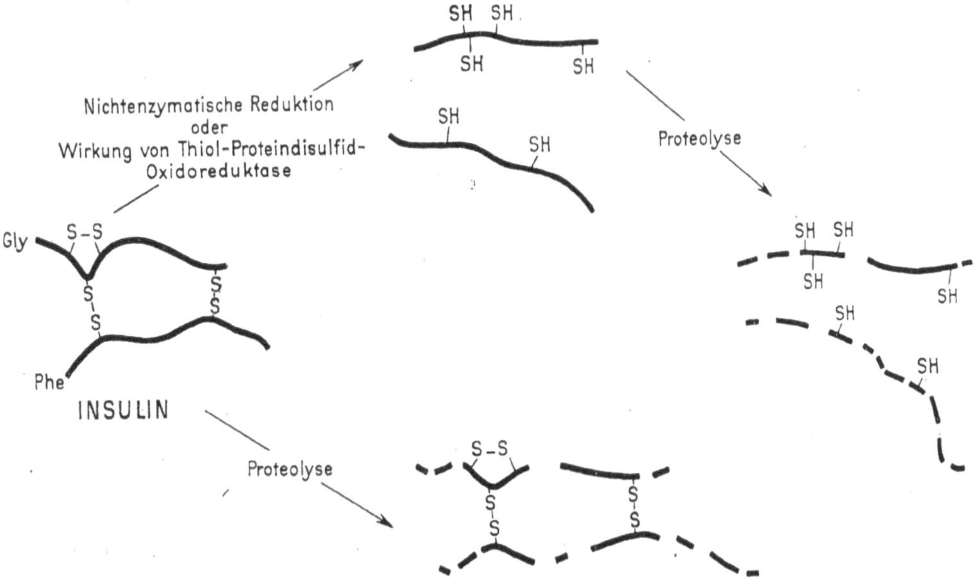

Abb. 5. Abbauwege von Proteinen (z. B. Insulin) durch Oxidoreduktion und/oder Proteolyse

Bekanntlich sind die die Proteine zusammensetzenden Aminosäuren durch Peptidbindung säureamidartig miteinander zu Peptidketten verknüpft. An dem Zusammenhalt mehrerer Peptidketten im Proteinmolekül können u. a. interchenare Disulfidbrücken beteiligt sein, die auch innerhalb einer Peptidkette (intrachenar) vorhanden sein und dadurch für die Form und räumliche Anordnung der Peptidkette (Tertiärstruktur) mit verantwortlich sein können. Ein Eiweißmolekül oder eine Polypeptidkette kann also in den vorhandenen kovalenten Bindungen entweder durch enzymatische Hydrolyse seiner Peptidbindungen (Proteasen, Peptidasen) oder/und durch reduktive enzymatische Spaltung seiner Disulfidbindungen (Transhydrogenasen) zu Sulfhydrylgruppen (-SH) in Einheiten kleinerer Größe und anderer Form zerlegt werden. Am Beispiel des Insulins sei das veranschaulicht (Abb. 4, Abb. 5).

Bei enzymatisch-reduktiver Einwirkung entstehen 2 selbständige Ketten mit SH-Gruppen, die dann durch Proteolyse in kleinere Bruchstücke von Peptid- oder Aminosäurecharakter zerfallen (Abb. 5 oben). Bei alleiniger Proteolyse (Abb. 5 unten) bleiben die Disulfidbrücken erhalten. Der jetzt gesicherte Nachweis von Enzymen, die unter Mitwirkung eines reduzierend wirkenden Tripeptids, des Glutathion, und eines das oxydierte Glutathion immer wieder reduzierenden, Coenzym (NADP)-abhängigen Enzyms Disulfidbrücken in Proteinen zu Thiolgruppen zu reduzieren vermögen (Thiol-Protein-Disulfid-Oxidoreduktase), spricht für die Beteiligung dieser Vorgänge am intrazellulären Eiweißabbau. Dieser wird durch derartige Oxido-Reduktionsvorgänge vielleicht in vielen Fällen sogar eingeleitet, wodurch für den hydrolytischen Angriff der Peptidasen auf die Peptidbindungen günstigere Voraussetzungen, als es bei intakten Disulfidbrücken der Fall ist, geschaffen werden (Abb. 6).

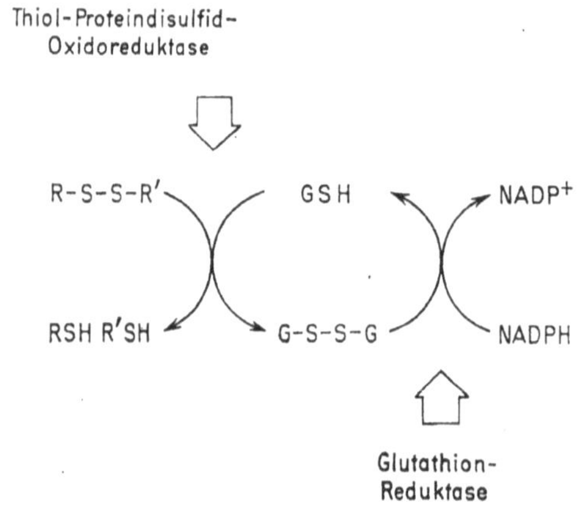

Abb. 6. Thiol-Proteindisulfidoxidoreduktase

R—S—S—R = Disulfidbrückenhaltiges Protein
GSH = Glutathion (reduziert)
G—S—S—G = Glutathion (oxidiert)
$NADP^+$, NADPH oxydiertes bzw. reduziertes Coenzym

F. Intrazelluläre Peptidasen und Autoproteolyse

Die *intrazellulär wirksamen Peptidasen (Proteasen)* treffen wir in außerordentlicher Mannigfaltigkeit in den Zellen der verschiedenen Organe und Gewebe an. Trotzdem sind die Unterschiede zwischen den einzelnen Organen mehr quantitativer als qualitativer Art. Sie können jedoch derart ausgeprägt sein, daß Organe, wie Leber oder Niere dies oder jenes proteolytische Enzym in sehr großer Menge besitzen, das in einem anderen Organ, z. B. der Augenlinse nicht oder nur sehr schwach nachweisbar ist. Als eine gewisse Regel läßt sich angeben, daß die Ausstattung mit den verschiedenen proteolytischen Enzymen in den Zellen und Organen mit hohem

Eiweißumsatz nach Art und Menge reichhaltiger ist als in Organen mit niedrigem und trägem Eiweißumsatz wie in der Augenlinse. Hier findet sich ein relativ eintöniges proteolytisches Enzymspektrum, in dem Proteasen, die Proteine oder Polypeptide auch innerhalb der Peptidkette aufzuspalten vermögen, kaum nachweisbar sind. Die *Hauptgruppen proteolytischer Enzyme*, die in den Zellen am Eiweißumsatz beteiligt sein dürften, zeigt das Schema der Abbildung 7, in dem auch die in Betracht zu ziehenden Funktionsstellen der proteolytischen Enzyme beim Eiweißabbau in der Zelle bis zu den Aminosäuren vermerkt sind. Neben diesen im Schema angegebenen Enzymen gibt es zweifellos noch proteolytische Enzyme mit absolut oder weitgehend spezifischer Funktion. Erinnert sei nur an das Renin, das aus Angiotensinogen, einem im Blutplasma vorkommenden Protein, das Angiotensin I freisetzt, sowie an das Converting enzyme, das aus Angiotensin I das blutdruckwirksame Angiotensin II durch Dipeptidabspaltung vom C-terminalen Ende des Angiotensin I (Dipeptidylcarboxypeptidase oder Carboxydipeptidyl-Peptidhydrolase) hervorgehen läßt, schließlich an das Proinsulin in Insulin überführende Enzym. Jedoch ist es schon aus rein rechnerischen Überlegungen wenig wahrscheinlich, daß für jedes Enzymprotein in der Zelle wieder ein inaktivierendes, abbauendes Enzym vorhanden ist, für das ja dann wiederum der prinzipiell gleiche Apparat für seine Inaktivierung angenommen werden müßte und so fort. Die immer zahlreicher werdenden Untersuchungen über das Vor-

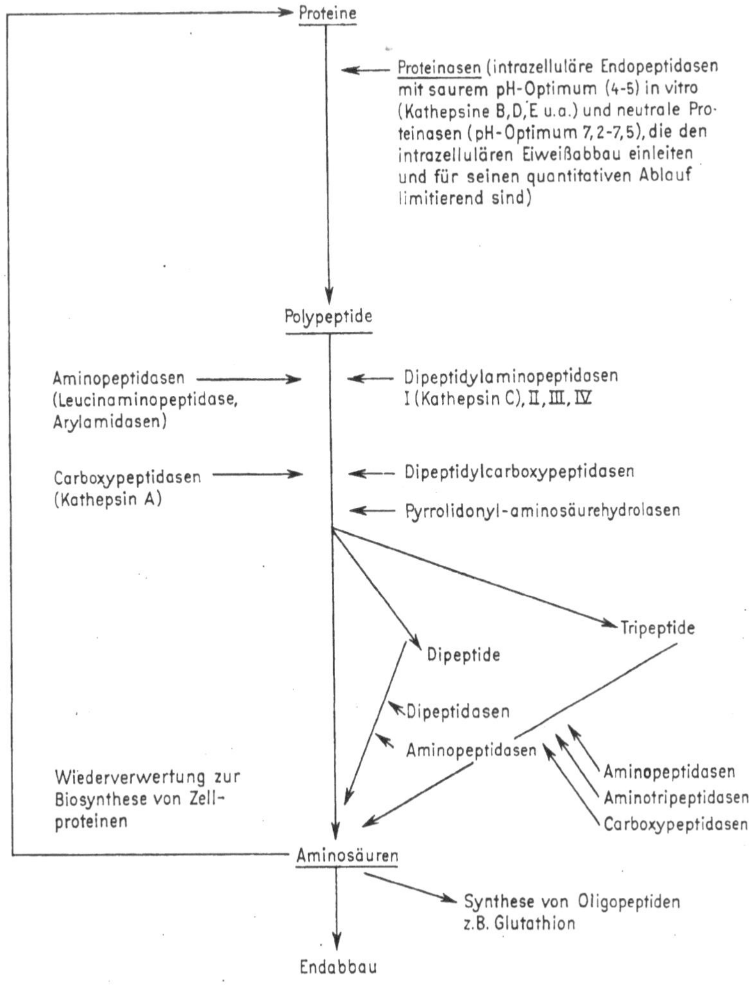

Abb. 7. Grobschema der Möglichkeiten des Zusammenwirkens intrazellulärer Peptidasen (Proteasen) beim intrazellulären Eiweißabbau

kommen von proteolytischen Enzymen, die in spezifischer Weise bestimmte Enzymproteine abzubauen vermögen, müssen so lange als vorläufige Ergebnisse betrachtet werden, bis die Substratspezifität dieser proteolytischen Enzyme hinsichtlich der Spaltungsstellen in der Peptidkette und der erforderlichen konformativen Voraussetzungen am zu inaktivierenden Enzymprotein geklärt sind. Vermutlich wird sich die jetzt häufig als absolut für ein Enzymprotein spezifisch gekennzeichnete proteolytische Aktivität auf intrazelluläre Endopeptidasen zurückführen lassen, deren Spaltungsspezifität in ihrer Einstellung auf bestimmte Aminosäuresequenzen in der Peptidkette begründet ist, wobei in dieser solche für die Endopeptidasewirkung zugängigen Stellen durch äußere, die Konformation des abzubauenden Enzymproteins beeinflussenden Faktoren (pH-Änderung, allosterische Metabolitwirkungen u. a.) für den enzymatischen Angriff zugängig werden. Zur Charakterisierung der intrazellulären proteolytischen Enzyme gehört neben der Ermittlung ihrer optimalen und physiologischen Wirkungsbedingungen, einschließlich der bevorzugten oder spezifisch aufgespaltenen Peptidbindung in der Peptidkette, auch die Feststellung ihrer Lokalisation in der Zelle, d. h., ob sie in Cytosol, Kernen, Mitochondrien, Lysosomen, Mikrosomen oder anderen Membransystemen anzutreffen sind. Bereits in einem Plenarvortrag 1962 erörterten wir unsere Befunde über das unterschiedliche Vorkommen proteolytischer Enzyme in den verschiedenen Organen und über die Unterschiede der Enzymwirkung nach Art und Menge in den verschiedenen Zellbstandteilen (HANSON, 1963). Ausgangspunkt für diese damaligen Untersuchungen war die Feststellung einer von Organ zu Organ stark wechselnden Autolyse, wenn man die Organe einer solchen Selbstverdauung unterwirft. Die Augenlinse zeigte ein ganz anderes Verhalten, nämlich sehr langsame Autolyse und anderes pH-Optimum als die Leber mit ihrer starken Autolyse, am stärksten um pH 4,0. Wir führen diese Unterschiede in der Autolyse auf das relativ eintönige Enzymspektrum in der Augenlinse im Vergleich zum sehr mannigfaltigen proteolytischen Enzymprofil in Leber und Niere zurück. Weiterführung der Versuche mit damals uns noch nicht zur Verfügung stehenden Methoden zeigte uns nun eindeutig, daß die Autolyse innerhalb der Leberzelle in den verschiedenen Zellbestandteilen (Kerne, Mitochondrien usw.) nicht gleich hoch ist, sondern stärkere Unterschiede aufweist. Diese Versuche über den intrazellulären autolytischen Eiweißabbau wurden in vitro, also an der homogenisierten und fraktioniert zentrifugierten Leber durchgeführt. Die Ergebnisse weichen beim Vergleich mit In-vivo-Eiweißabbauversuchen der Leber, wie sie der Literatur zu entnehmen sind, zum Teil erheblich und charakteristisch von diesen ab (s. Tab. 6). Diese Diskrepanzen sind besonders ausgeprägt bei den Mitochondrienproteinen und den Lysosomenproteinen und auffallend bei den Cytosolproteinen deshalb, weil

Tabelle 6

Umsatzgeschwindigkeit von Proteinen in vivo und in vitro (pH 6,8) von Rattenleberzellfraktionen

(nach P. BOHLEY)

Fraktion	% Protein-Abbau*/Stunde in vitro	in vivo
Gesamtleber-Protein	1,6	1,0
Kernproteine	1,3	(0,1)
Mitochondrienproteine	4,4	0,2
Lysosomenproteine	5,9	<0,2
Mikrosomenprotein	1,1	0,5
Cytosolproteine	0,6	>1,5

*100% = Proteingehalt der jeweiligen Gesamtfraktion
Weitere Einzelheiten s. P. BOHLEY. Bei den In-vitro-Versuchen wurden die einzeln aufgeführten Fraktionen der Autolyse bei pH 6,8 in 0,2%igem Triton X 101 unterworfen

die letzteren die einzigen Proteine sind, die in vivo einen höheren Umsatz aufweisen als in vitro. Unter Berücksichtigung der Bedingungen, die bei den In-vitro- im Gegensatz zu den In-vivo-Versuchen bestehen, lassen sich für die unterschiedlichen Ergebnisse wohl begründete Vorstellungen anführen. Bei den In-vitro-Versuchen ist die Zellstruktur durch die Homogenisierung zwar zerstört, durch die weitere Aufarbeitung in der Kälte mit der fraktionierten Zentrifugation werden die Zellbestandteile jedoch voneinander getrennt und die in ihnen enthaltenen Proteine und proteolytischen Enzyme können dann erst unter den Bedingungen der Autolyse (37°!) ihre Wirkung aufeinander im Sinne der Proteolyse entfalten. In der intakten Zelle unter In-vivo-Bedingungen liegen die Verhältnisse ganz anders. Die Enzyme können infolge ihrer Kompartimentierung koordiniert und reguliert auf angreifbares Protein nur begrenzt einwirken: der Abbau von Proteinen ist dementsprechend viel geringer. Nur das Cytosol nimmt eine Sonderstellung ein. Es besitzt zwar in vitro, wie wir zeigen konnten, nicht wie bisher meist angenommen, eine hohe, sondern im Gegenteil die niedrigste Autolysekapazität und dementsprechend die geringste proteolytische Enzymaktivität von allen Zellbestandteilen. Die relativ hohe Invivo-Umsatzrate der Cytosolproteine — in vivo die höchste unter allen Zellbestandteilfraktionen — hat ihre Ursache in ihren Wechselwirkungen mit den proteolytischen Enzymen vor allem der Lysosomen.

G. Lysosomale Proteasewirkungen und Eiweißumsatz

Wenn diese Vorstellungen und Interpretationen richtig sind, dann sollte sich auch zeigen lassen, daß

1. die Lysosomen in ihren proteolytischen Enzymen starke Mannigfaltigkeit und hohe Aktivität besitzen,
2. sie in der Lage sind, zelleigene Cytosolproteine unter Bedingungen, die den In-vivo-Bedingungen vergleichbar sind, auch in vitro gut anzugreifen.

Deshalb wurden Zellfraktionierungen an Rattenlebern nach C. DE DUVE und Mitarbeitern (1955) durchgeführt und die erhaltenen Fraktionen sowohl der Autoproteolyse (s. Tab. 6) wie auch der Einwirkung von jeweils 2 Fraktionen aufeinander unterworfen. Außerdem wurden, um über ein besser definiertes Gemisch von Cytosolproteinen als Substrat zu verfügen, durch Gelfiltration (Sephadex G 75) RNS-freie Cytosolproteine von Mol.-Gew. 70000—150000 dargestellt (CP_1). Es zeigte sich, daß bei pH 6,9 CP_1-Protein durch die Lysosomenfraktion mit den höchsten spezifischen Aktivitäten von allen Zellbestandteilfraktionen bis zu Peptiden und Aminosäuren, durch die Mikrosomenfraktion bis zur Freisetzung von Peptiden und in einem geringen Umfang auch durch die Mitochondrienfraktion abgebaut wurde. Die Cytosolfraktion, also das Ausgangsmerkmal bei der Gewinnung von CP_1, besaß nur sehr schwach abbauende Wirkung auf CP_1. Genauere Untersuchungen der lysosomalen proteolytischen Aktivitäten zeigten, daß die Endopeptidasen bei neutralem pH (6,9) die Cytosolproteinfraktion CP_1 besser als sonst übliche Proteasesubstrate, wie Hämoglobin u. a. abbauen (Abb. 8) (S. ANSORGE, P. BOHLEY, H. KIRSCHKE, J. LANGNER und H. HANSON, 1971).

Nach Erarbeitung einer Fraktionierungsmethode für lösliche lysosomale Enzyme (P. BOHLEY, H. KIRSCHKE, J. LANGNER und S. ANSORGE, 1969) war es möglich, eine bis zu 100fache Anreicherung der lysosomalen Enzyme durch fraktionierte Zentrifugation ohne Verwendung eines Detergens durchzuführen und diese angereicherten Enzympräparationen durch Gelfiltration (Sephadex G 75) in Unterfraktionen mit charakteristischen, spezifischen Aktivitäten gegenüber verschiedenen Substraten aufzutrennen, was die Mannigfaltigkeit der proteolytischen Aktivität in Lysosomen und ihre Bedeutung für den intrazellulären Eiweißumsatz recht überzeugend demonstriert. (P. BOHLEY, H. KIRSCHKE, J. LANGNER, S. ANSORGE, B. WIEDERANDERS und H. HANSON, 1971). Bei Annahme eines Gewichtsverhältnisse von Cytosolproteinen zu Lysosomenproteinen von 40 : 1 für die Rattenleber läßt sich errechnen, daß die in den

Lysosomen enthaltenen proteolytischen Aktivitäten ausreichen, um mehr als 2% der Cytosolproteine pro Stunde abzubauen, was die normale In-vivo-Abbaurate der Lebercytosolproteine überschreitet. Allerdings muß in diesem Zusammenhang ergänzend bemerkt werden, daß auch die proteolytischen Potenzen der Mikrosomenfraktionen der Leber zum Abbau von ungefähr 2% der Cytosolproteine genügen würden. Die proteolytischen Aktivitäten von Kern-, Mitochondrien- und Cytosolfraktionen können nicht nennenswert zum intrazellulären Eiweißabbau beitragen. Es ist noch völlig unklar, ob und in welcher Weise etwa Lysosomen und Mikrosomenfraktion beim intrazellulären Eiweißumsatz kooperieren.

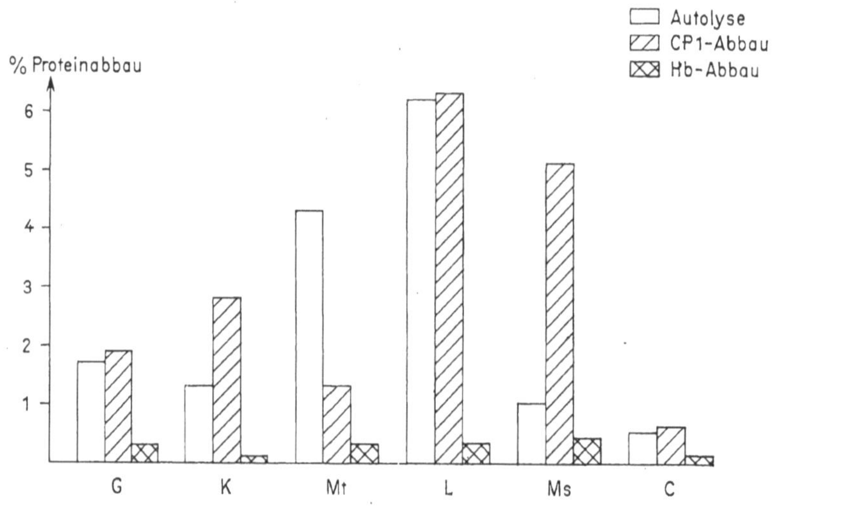

Abb. 8. Vergleich des Abbaues von CP_1 und HB durch Zellbestandteilfraktionen und ihrer Autolyse

Aus den Versuchen der Gelfiltration an Sephadex G 75, der Ionenaustauscher chromatographie an CM-Sephadex G 50, der Discelectrophorese im linearen Gelkonzentrationsgradienten und der enzymatischen Bestimmung der löslichen lysosomalen proteolytischen Enzyme geht eindeutig hervor, daß wir es mit einer Vielzahl Endo- und Exopeptidasen in den Lysosomen zu tun haben. Die Fraktion der lysosomalen Proteine mit der bei weitem höchsten proteolytischen Aktivität hatte ein Mol-Gewicht von 10000—30000. Die Proteinfraktionen mit Mol-Gewichten über 80000 und zwischen 40000 und 80000 waren proteolytisch viel weniger aktiv. Aus dem Vergleich der Spaltungsaktivität von Unterfraktionen bei pH 7,0 und 4,0 unter Einsatz der verschiedenen natürlichen und synthetischen Substrate ist zu schließen, daß wir es bei den eiweißspaltenden Endopeptidasen auch mit solchen (neutralen) Proteinasen zu tun haben, die nicht nur im pH-Optimum, sondern auch in ihrer Fähigkeit, bestimmte Proteine wie CP_1 gut anzugreifen und durch Glutathion und EDTA aktiviert und durch p-Chlormercuribenzoat reversibel gehemmt zu werden, von den bekannten proteolytisch wirksamen Kathepsinen (A, B, B_1, C, D, E) unterschieden werden können.

H. Bedeutung der Lokalisation der Proteasen in der Zelle für den Eiweißumsatz und seine Regulation

Auf die Problematik des intrazellulären Eiweißumsatzes bezogen, konnte mit diesen und ähnlichen Untersuchungen bewiesen werden, daß die Zellen über die den Eiweißabbau einleitenden und ihn bis zur Bildung niedermolekularer Peptide fortführenden Proteinasen (Endopeptidasen) verfügen, die auch bei neutralen pH-Werten zelleigene Proteine als die eigentlichen physiologischen Substrate so stark abzubauen vermögen, daß damit die Höhe des In-vivo-Eiweißumsatzes ohne Schwierigkeiten erklärbar ist. Weiterhin ist zu folgern, daß für einen auch für Zelldifferenzierungsprozesse wichtigen, gesteuert und reguliert ablaufenden intrazellulären Eiweißumsatz die räumliche Verteilung der Endo- und Exopeptidasen in verschiedenen Zellbestandteilen, wie Lysosomen, Mikrosomen, Cytosol usw. von entscheidender Bedeutung ist. Eine gesteigerte Freisetzung von Lysosomenenzymen in die übrigen Zellräume oder eine verstärkte Aufnahme von Zellmaterial in die Lysosomen kann den Abbau von spezifisch-funktionellen Zellproteinen so stark erhöhen, daß die Zelle in ihrer Funktion und Struktur starke Störungen erleiden kann und schließlich nicht mehr lebensfähig ist, Vorgänge, die auch bei der physiologischen Zellmauserung eine Rolle spielen. Diese Vorstellungen liegen der heute weithin vertretenen Lysosomenhypothese für die Erklärung des intrazellulären Eiweißabbaus zugrunde.

Leider wissen wir über den Mechanismus, der der Regulation des intrazellulären Eiweißumsatzes, der Einstellung eines steady state, also eines Gleichgewichts zwischen Auf- und Abbau der Zellproteine oder der Verstärkung oder Verringerung des Eiweißumsatzes zugrunde liegt, recht wenig. Soweit es sich bei den Faktoren, die für den Ablauf des Mechanismus mitverantwortlich sind, selbst um Proteine oder Peptide handelt, spielt natürlich neben Permeabilität und Ausscheidung auch ihre Lebensdauer, die wiederum von ihrer enzymatischen Angreifbarkeit durch Proteasen und andere Enzyme abhängt, eine wesentliche Rolle.

Am Beispiel des Insulins, das, in den β-Zellen der LANGERHANS'schen Inseln der Bauchspeicheldrüse gebildet, nicht nur eine zentrale Rolle bei der Regulation des Kohlenhydratstoffwechsels im Gesamtorganismus spielt, sondern auch wesentlich die Proteinbiosynthese und hier speziell die Synthese spezifischer Enzymproteine, z. B. Glukokinase der Leber regulierend beeinflußt (E. F. PFEIFFER), soll kurz auf die Bedeutung proteolytischer Vorgänge und ihrer Lokalisation in der Zelle für den mehr oder weniger raschen Abbau und damit die Inaktivierung derartiger Proteo- oder Peptidhormone eingegangen werden. Bereits eingangs bei Erörterung der Beziehungen zwischen biologischer Halbwertszeit, Proteinbiosynthese und Proteolyse wurde für Insulin die Halbwertszeit von 35—80 Min. genannt, d. h., das Insulin muß, da es im Harn nicht ausgeschieden wird, relativ rasch einer Inaktivierung durch enzymatischen Abbau unterliegen. Durch Untersuchungen mit radioaktiv durch J^{125} oder J^{131} markiertem Insulin (s. Abb. 4) konnte gezeigt werden, daß das Insulin offenbar nicht durch eine spezifische sogenannte Insulinase abgebaut wird, sondern daß in den Leberzellen mehrere Möglichkeiten nachweisbar sind, das Insulin enzymatisch abzubauen: hydrolytische Spaltung von Peptidbindungen, reduktive Spaltung von Disulfidbrücken und Kombination beider Vorgänge (s. Abb. 5 und Abb. 6).

Bei den Untersuchungen über den enzymatischen Insulinabbau durch die verschiedenen Zellbestandteile der Rattenleber wurden die nach den Verfahren von BOHLEY, KIRSCHKE, LANGNER und ANSORGE gewonnenen Zellbestandteilpräparationen unter verschiedenen Versuchsbedingungen auf radioaktiv mit ^{125}J oder ^{131}J markiertes Insulin zur Einwirkung gebracht. Insbesondere wurde die Mikrosomenfraktion nach dem Verfahren von SIEKEVITZ unter Einsatz von Desoxycholat als Lösungsvermittler subfraktioniert. Der enzymatische Abbau des radioaktiv markierten Insulins wurde durch Ermittlung der Radioaktivität des nach der Enzymwirkung in Trichloressigsäure löslichen Anteils der Insulinabbauprodukte bestimmt, denn enzymatisch nicht abgebautes Insulin wird durch Trichloressigsäure praktisch vollständig zu unlöslichem Präcipitat ausgefällt. Unter Anwendung dieser Verfahren konnte gezeigt werden (S. ANSORGE, P. BOHLEY, H. KIRSCHKE, J. LANGNER und H. HANSON, 1971a), daß Leberhomogenate und daraus gewonnene Zellbestandteilpräparationen in ihrer insulinabbauenden Aktivität durch den Ansätzen zugesetztes Glutathion (GSH, 10^{-3} M) und Äthylendiamintetraacetat (EDTA, $5 \cdot 10^{-3}$ M) erheblich verstärkt werden, z. B. 10fach im Vergleich zu Homogenaten ohne Aktivatorenzusatz. Ledigich in der Cytosolfraktion waren die Abbauraten mit und ohne die beiden Aktivatoren etwa gleich. Es kann damit als gesichert gelten, daß außer dem Insulinabbauenden Cytosolenzymsystem weitere durch GSH aktivierbare Enzyme in der Leber vorliegen (S. ANSORGE, B. KAISER, U. SENGER, P. BOHLEY, H. KIRSCHKE, J. LANGNER und H. HANSON, 1972).

Die stärksten Insulin-abbauenden Aktivitäten waren bei Zusatz von GSH und EDTA in der Mikrosomenfraktion (10fach stärker als im Cytosol) lokalisiert und konnten durch deren Desoxycholatbehandlung und anschließende Zentrifugation von den Partikeln abgelöst werden, wodurch eine 10- bis 20fache Anreicherung des Enzyms möglich war.

In neuen Untersuchungen (S. ANSORGE, B. KAISER, P. BOHLEY, H. KIRSCHKE, J. LANGNER, B. WIEDERANDERS und H. HANSON) konnte durch zusätzliche Gel- und Austauschfiltration an Sephadex eine Anreicherung bis zu 160fach erreicht werden.

Bei neutralem pH war die Insulin-abbauende Kapazität der Lysosomen im Vergleich zu der bei saurem pH oder der Mikrosomen oder des Cytosols bei neutralem pH recht gering, würde aber auch dennoch ausreichend sein, um das in der Zelle vorhandene Insulin durch Abbau zu inaktivieren. Der intrazelluläre Insulinabbau ist demnach bei neutralem pH an drei verschiedenen Stellen lokalisiert: Cytosol, Mikrosomenfraktionen (endoplasmatisches Reticulum) (s. Tab. 1), Lysosomen. In jedem der genannten Compartimente kann aber mit mehr als nur einem das Insulinmolekül angreifenden Enzym gerechnet werden, wobei, wie bereits vorn (S. 12) erörtert, sowohl der hydrolytisch-peptidspaltende wie auch der reduktiv transhydrogenolytische Mechanismus in Betracht zu ziehen sind. Es ist in diesem Zusammenhang erwähnenswert, daß das disulfidbrückenfreie in bezug auf den Blutzucker antagonistisch zum Insulin wirkende, also Blutzucker steigernde Hormon Glukagon seinen stärksten Abbau bei neutralem pH im Cytosol besitzt, wobei GSH und EDTA keine aktivierenden Funktionen besitzen, eher schwach hemmend wirken, dagegen den lysosomalen Glukagonabbau bei neutralem pH stark (10—25fach) aktivieren.

I. Organdifferenzierung und Verhalten einiger Enzyme der Augenlinse

Wenn, was wir einleitend versuchten darzulegen, der Umsatz spezifischer Eiweißkörper der Zelle auf das engste mit den Differenzierungsvorgängen bei Tier und Mensch verknüpft ist, und wenn die Differenzierungsvorgänge an Änderungen des Gehaltes spezifisch wirksamer Enzyme gebunden sind, im Sinne ihres Neuauftretens oder ihres Verschwindens oder auch im Sinne quantitativer Änderungen ihrer Aktivität, dann sollten solche Differenzierungsvorgänge nicht nur am morphologisch-histologischen Bild, sondern mindestens ebenso zeitig, wahrscheinlich sogar der morphologischen Veränderung vorausgehend, auch biochemisch, etwa durch Veränderungen im zellulären Enzymspektrum erfaßbar sein. Diese Vorstellungen und Gedankengänge liegen Untersuchungen zugrunde, die von einer Arbeitsgruppe des halleschen Instituts in den letzten Jahren an der Augenlinse durchgeführt werden. Dieses Organ besitzt für derartige Untersuchungen besonders günstige, im menschlichen und tierischen Organismus einmalige Voraussetzungen: Es besitzt keine Blut- und Nervenversorgung und besteht nur aus einer Zellart, allerdings, und das ist für die genannte Zielsetzung ein besonderer Vorteil, von unterschiedlichem Differenzierungsgrad. Bei allen anderen Organen und Geweben, wie Leber, Niere, Pancreas, Muskulatur usw. haben wir es mit einer Zusammenlagerung verschiedenartiger Zellen zu tun. Zum Beispiel finden wir in der Leber die eigentlichen Parenchym-(Leber)-Zellen, dann die KUPFFERschen Sternzellen, die Epithelzellen der Gallengänge, vor allem aber auch die Bindegewebszellen der Gefäße und des Interstitiums und schließlich die Blutzellen des Blutanteils, der sich gerade in der Leber befindet. Alle diese Zellen liegen im Organ als Gemisch und auch in verschiedenen Stadien des Zellcyklus vor, d. h., also junge neben alten kurz vor der Mauserung befindlichen Zellen. Im Prinzip gleich hinsichtlich verschiedener Zellarten einschließlich Blutanteil liegen die Verhältnisse auch bei anderen Organen, wie Niere, Lunge usw. Zwar lassen sich diese Zellen in den Organen histologisch gut voneinander unterscheiden, aber wir verfügen nicht über Methoden, die verschiedenen Zellarten eines Organs voneinander zu trennen, zu isolieren und quantitativ biochemisch zu untersuchen. Und das wäre erforderlich, wenn es darauf ankommt, bestimmte biochemische Veränderungen bestimmten Differenzierungsgraden der Zelle zuzuordnen.

Für die Untersuchungen solcher Art bietet sich die Augenlinse an, zumal, wie wir durch Autoproteolyseversuche der Linse und durch die Bestimmung des in ihr nachweisbaren Peptidasenspektrums festgestellt hatten, das Eiweiß abbauende System der Linse viel weniger aktiv und geringer differenziert ist als z. B. in Leber und Niere (HANSON). Abbauvorgänge an Linsenproteinen sind demzufolge als langsam und träge ablaufende Prozesse anzunehmen, die einer biochemischen Analytik günstigere Möglichkeiten bieten, als dies bei proteolytisch hochaktiven und sehr differenzierten Organen der Fall ist. Als weiterer Vorzug der Linse für Untersuchungen zur biochemischen Differenzierung des Organs kommt hinzu, daß Zellen verschiedenen Differenzierungsgrades nicht unregelmäßig verstreut im Organ liegen, sondern daß die Zellen eines jeweiligen Differenzierungszustandes regelmäßig an bestimmten Stellen des Organs zusammen anzutreffen sind. Dadurch ist es möglich, unter Anwendung bestimmter Techniken, Zellen einheitlichen Differenzierungsgrades einigermaßen rein erhalten und isolieren zu können, so daß Untersuchungen zur biochemischen Charakterisierung verschiedener Differenzierungsgrade möglich werden (D. GLÄSSER).

Folgende Fragestellungen fanden aus Gesichtspunkten der Organ- und Enzymdifferenzierung das experimentelle Interesse der Arbeitsgruppe:

1. Lassen sich in den mitotisch nicht aktiven Linsenepithelzellen in der zentralen Zone, in den mitotisch aktiven Zellen und den elongierenden, faserbildenden Zellen Unterschiede im Enzymspektrum feststellen?

2. Bestehen Unterschiede in der Aktivität einiger Enzyme in Abhängigkeit von der Linsenschicht (Linsenkern und Linsenfaserschicht) und vom Alter der Tiere, deren Linsen untersucht wurden?

3. Haben sich im Laufe der Organ- und Species-Differenzierung Linsenenzyme entwickelt, die Strukturverwandtschaft mit gleichwirksamen Enzymen anderer Organe und mit Linsenenzymen anderer Species aufweisen, oder ist dies nicht der Fall (am Beispiel einer Peptidase der Augenlinse untersucht)?

Die verwendeten Bezeichnungen für Linsenanteile seien an Hand der beiden folgenden schematischen Übersichten veranschaulicht (Abb. 9, Abb. 10).

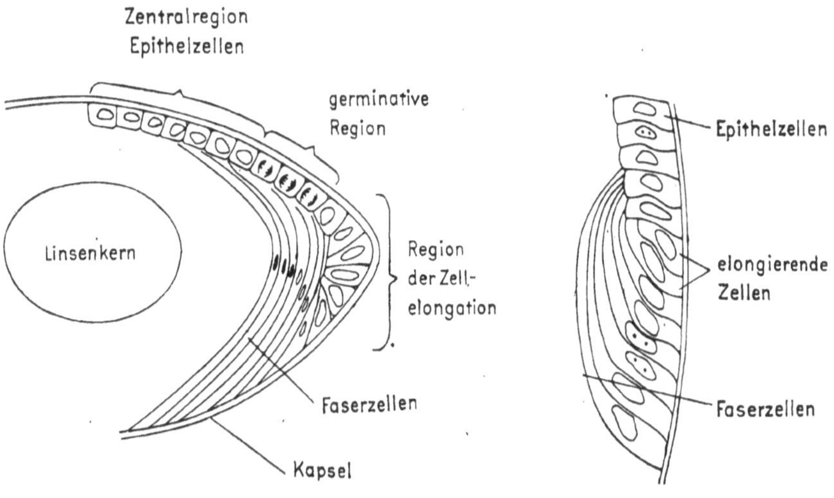

Abb. 9. Horizontalschnitt durch die Rinderaugenlinse im Äquatorbereich

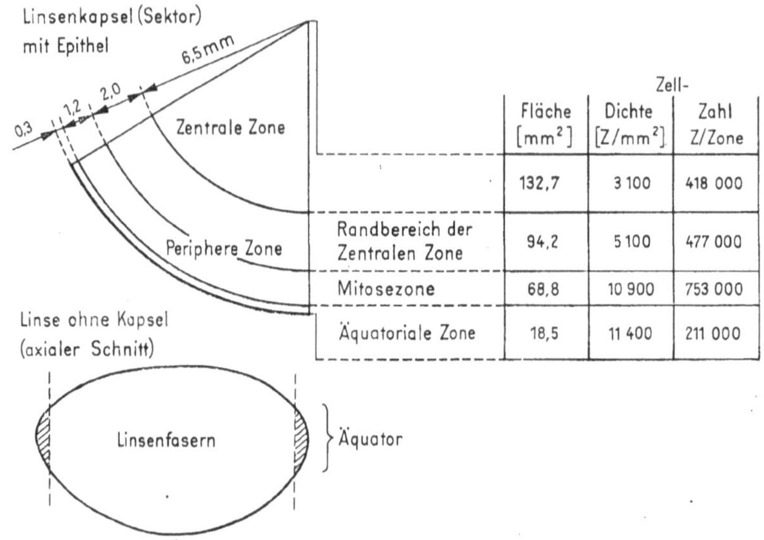

	Fläche [mm²]	Zell-Dichte [Z/mm²]	Zell-Zahl Z/Zone
	132,7	3 100	418 000
Randbereich der Zentralen Zone	94,2	5 100	477 000
Mitosezone	68,8	10 900	753 000
Äquatoriale Zone	18,5	11 400	211 000

Abb. 10. Sektor der vorderen Linsenkapsel (Rind) mit Verteilung der anhaftenden Linsenepithelzellen und axialer Linsenschnitt nach Entfernung der Kapsel

Die Vermehrung der Linsenepithelzellen durch Mitose ist auf einen relativ scharf begrenzten Bereich kurz vor dem Linsenäquator beschränkt. Die neu gebildeten Zellen werden in Richtung Äquator abgedrängt, wo sie sich in Reihen ordnen und sich zu verlagern beginnen und allmählich zu den Linsenfasern der Rinde differenzieren. Diese werden dann in die Eiweißmasse des Linsenkernes, in dem keine Zellkerne mehr nachweisbar sind, integriert.

Zur Untersuchung der ersten Frage (Untersuchung der Beziehung zwischen Zelldifferenzierung und Enzymproteinstoffwechsel an Hand der Aktivität einiger Enzyme) wurde Zellmaterial aus den zentralen und peripheren Zonen sowie Fasermaterial vom Linsenäquator isoliert (s. Abb. 10), homogenisiert und die Enzymaktivitäten im 7000 × g Überstand nach Zentrifugation ermittelt (s. Abb. 11).

Aus dieser Abbildung ist zu entnehmen, daß während der Differenzierung der Epithelzellen zu Faserzellen ein signifikanter Abfall von LDH- und GPDH-Aktivität und ein erheblicher Anstieg der LAP-Aktivität erfolgt. Es weist dieses Ergebnis darauf hin, daß in Abhängigkeit von der Funktion der Zellen eine mehr oder weniger rasche Inaktivierung der Enzymproteine von LDH und GPDH durch Abbau, Inhibierung oder Denaturierungseffekte oder auch unter Berücksichtigung der stimulierten Eiweißsynthese bei der Linsenfaserbildung eine stark herabgesetzte Synthese dieser Enzymproteine im Vergleich zu anderen Linsenproteinen feststellbar ist. Bei der LAP ist ein entgegengesetztes Verhalten unverkennbar: Ihre Synthese hat stärker zugenommen als die Syntheserate der Hauptmenge der Linsenproteine. Hinzu kommt, daß gerade dieses Enzym über eine besonders hohe Stabilität verfügt und ihm somit eine große Halbwertszeit zugesprochen werden kann.

Daß es sich bei diesem Enzym um ein solches mit hoher Stabilität handelt, ergibt sich aus Versuchen, die zu der zweiten oben aufgeworfenen Frage über Enzymaktivität in Abhängigkeit von Linsenschicht und Alter der Tiere, deren Linsen untersucht wurden, ausgeführt wurden.

Aus Tabelle 7 ist ersichtlich, daß in der Linse einjähriger Rinder von außen (Äquatorschicht) nach innen (Kern) die LAP an Aktivität zunimmt, alle anderen Enzyme verlieren an Aktivität, GPDH fällt bereits in der 4. Schicht auf Null ab, LDH zeigt nach anfänglichem Abfall nach den inneren Schichten zu wieder einen gewissen Anstieg. Im Sinne der relativ hohen Stabilität der LAP sind auch die in Tabelle 8 niedergelegten Versuche zu werten: Der Kern der Linse von 3—4 Wochen und 1 Jahr alten Rindern weist höhere LAP-Aktivität auf als die jeweiligen

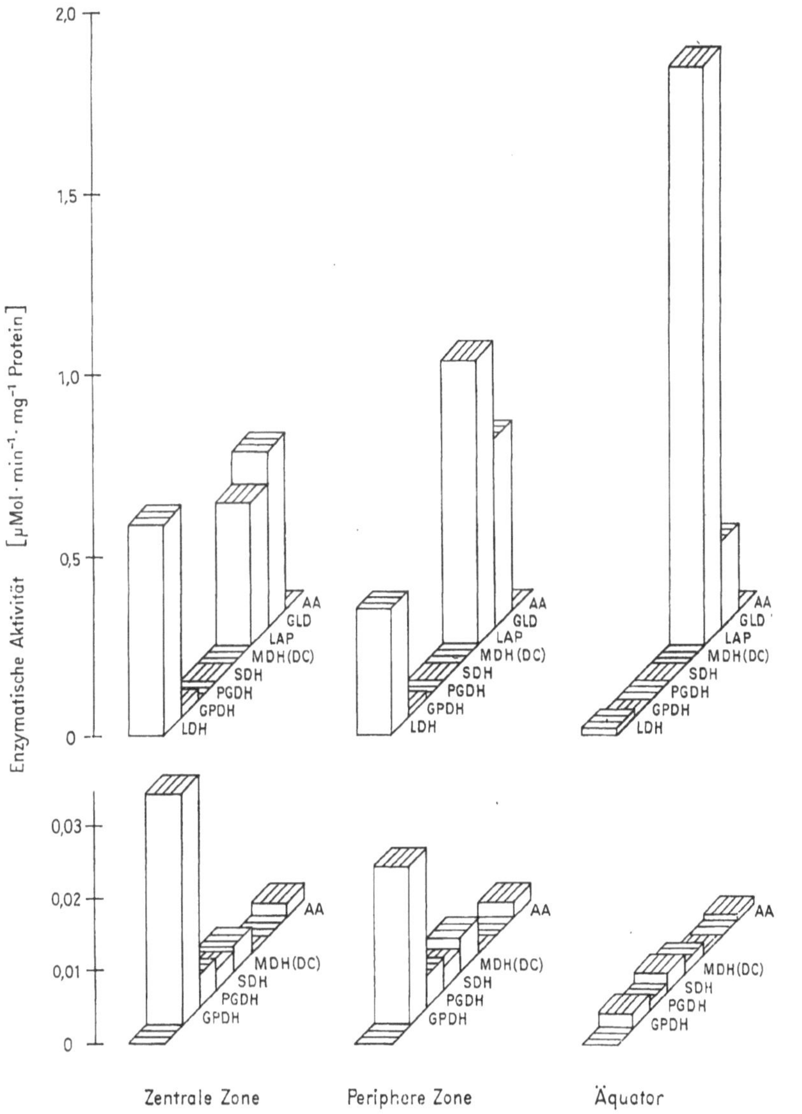

Abb. 11. Enzymaktivitäten in zentralen und peripheren Zonen sowie Äquator

Abkürzungen:

LDH	= Laktatdehydrogenase	MDH (DC)	= dekarboxylierende Malatdehydrogenase
GPDH	= Glukose-6-phosphatdehydrogenase	LAP	= Leucinaminopeptidase
PGDH	= 6-Phosphoglukonatdehydrogenase	GLD	= Glycylleucindipeptidase
SDH	= Sorbitdehydrogenase	AA	= Aminosäurearylamidase

Rindenanteile, erst bei den Rindern von 4—5 Jahren und älter ist es umgekehrt. Die Deutung für dieses Verhalten, das von dem der sehr instabilen Glycylleucinase völlig abweicht, (laufende Zunahme der Aktivität in der Rinde bei ständiger Abnahme im Kern als Funktion des Alters der Tiere), kann darin gesehen werden, daß die LAP im Embryonal- und Neugeborenenstadium in ihrer Menge am höchsten liegt, dann laufend abnimmt. Da bei weiterem Wachstum der Linse die ursprünglich enzymreich gebildeten Teile kernwärts abgedrängt werden und schließlich zum Kern werden, ist es verständlich, daß bei Tieren mit zunehmendem Alter, aber abnehmender Synthese der LAP in den zur Synthese befähigten äußeren Linsenzellen die ursprünglich mehr gebildete LAP auf Grund ihrer Stabilität noch in größerer Menge im Kern als in der Rindenschicht der Linse gleichaltriger Tiere nachweisbar ist. Diese Befunde demonstrieren einmal mehr, wie wesentlich es zum Verständnis des Eiweißumsatzes spezifischer Proteine ist, neben den Synthesefaktoren auch die in der Proteinstruktur selbst und für ihren Abbau (Umsatz) verantwortlichen Faktoren zu kennen.

Tabelle 7

Spezifische Aktivitäten ($^{\mu}$Mol Substrat/min · mg Proteinstickstoff) in verschiedenen Schichten der Augenlinse einjähriger Rinder

Linsenschicht	GPDH	SDH	Malat-Enzym	Gly-Leu-ase	LDH	LAP
1. (Äq.) Schicht	0,0161	0,0226	0,0250	1,080	0,1095	8,02
2. Schicht	0,0054	0,0155	0,0159	0,810	0,0925	8,67
3. Schicht	0,0017	0,0143	0,0140	0,580	0,1064	10,39
4. Schicht	0,0000	0,0126	0,0121	0,380	0,1209	12,42
5. Schicht	0,0000	0,0113	0,0111	0,340	0,1232	12,75
6. Schicht	0,0000	0,0070	0,0086	0,240	0,1278	11,30

Auftrennung der Schicht nach dem Rührverfahren unter Eiskühlung:
1. (Äquator) Schicht, manuell entfernt
2. Schicht: Linse 5 min mit 7,5 ml 0,25 Saccharoselösung gerührt
3. Schicht: weitere 5 min mit 7,5 ml 0,25 Saccharoselösung gerührt
4. Schicht: 15 min mit 7,5 ml 0,25 Saccharoselösung gerührt
5. Schicht: 20 min mit 7,5 ml 0,25 Saccharoselösung gerührt
6. Schicht: Rest (Linsenkern)

Tabelle 8

Altersabhängigkeiten der spezifischen Aktivitäten von Leucinaminopeptidase (LAP) und Glycylleucinase von Rinderlinsen

Alter	LAP		Glycyl-Leucinase		Z
	Rinde	Kern	Rinde	Kern	
3 bis 4 Wochen	7,36	8,50	30,14	20,70	12
1 Jahr	5,49	6,90	33,11	10,65	8
4 bis 5 Jahre	5,08	3,49	39,73	4,20	6
8 bis 10 Jahre	5,05	2,53	46,75	4,57	4

Die weiche Rindenzone wurde manuell vom festeren Kern getrennt und in 0,9%iger Kochsalzlösung homogenisiert. Die Enzympräparation (62,5 $^{\mu}$g Protein für LAP-Bestimmung, 938 $^{\mu}$g Protein für Glycylleucinasebestimmung) wurde mit den Substraten 20 Minuten inkubiert bei 37°. Die Zahlenwerte entsprechen % Hydrolyse in 20 Minuten. Z = Zahl der Versuche

Die Besonderheiten der Augenlinse hinsichtlich eines relativ wenig differenzierten Spektrums proteolytischer Enzyme und des daraus resultierenden langsamen Eiweißumsatzes sowie der besonderen Stabilität und der daraus resultierenden relativen Anhäufung eines Enzyms, nämlich der bereits mehrfach erwähnten LAP, schufen die Möglichkeiten, für dieses Enzym gewisse Aussagen über sein Verhalten bei der Entwicklung tierischer Organismen zu machen. Voraussetzung für derartige Untersuchungen ist die Isolierung des höchstgereinigten, möglichst kristallisierten Enzyms ohne Beimengung von Fremdprotein oder anderen enzymatischen Aktivitäten. Diese Bedingungen konnten für die LAP durch ihre Kristallisation aus Rinderaugenlinsen erfüllt werden (HANSON, GLÄSSER und KIRSCHKE; GLÄSSER, KETTMANN und HANSON) (s. Abb. 12a, 12b).

Mit Lösungen derartiger, mehrfach umkristallisierter Enzympräparationen gelang es nicht nur, die Wirkungsbedingungen dieses Enzyms aus Rinderaugenlinsen und zahlreiche seiner physikalisch-chemischen Eigenschaften, wie Molekülgröße und -form sowie seine chemische Modifizierbarkeit zu untersuchen, sondern auch seine Strukturverwandtschaft mit dem entsprechenden Enzym aus anderen Organen (Leber, Niere) und von anderen Species der Wirbeltierreihe zu prüfen. Damit war es möglich, zu der 3. vorhin aufgeworfenen Frage (S. 19) zur Differenzierung individueller organeigener Enzyme am Beispiel der LAP einige Aussagen zu machen (D. GLÄSSER, M. JOHN und H. HANSON). Für diese Versuche wurde die empfindliche immunologische Untersuchungstechnik verwendet. Es wurden durch Injektionen von LAP-

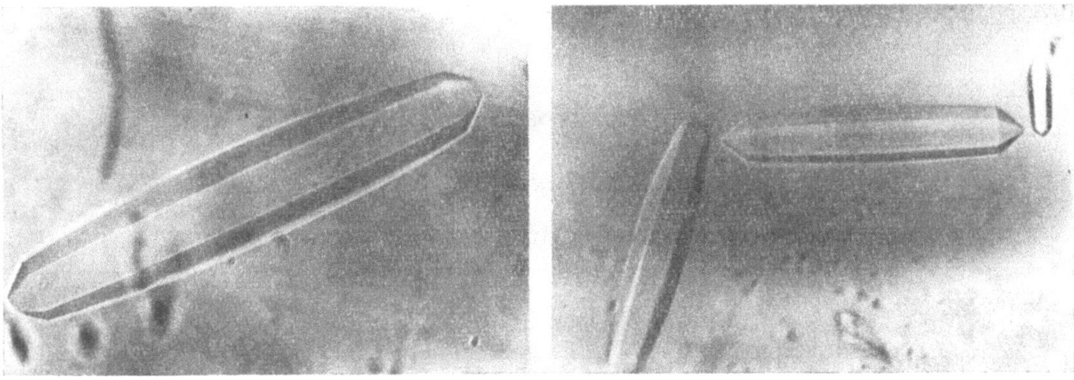

Abb. 12. Kristalle der Leucinaminopeptidase aus Rinderaugenlinsen

Lösung (Rinderaugenlinsenenzym) beim Kaninchen Antikörper erzeugt. Es zeigte sich, daß der beim Kaninchen gegen Rinderlinsen-LAP erzeugte Antikörper nicht organ- und nur gering artspezifisch ist. Das heißt, dieser Rinderlinsen-LAP-Antikörper des Kaninchens reagiert sowohl mit der LAP der Leber und Niere des Rindes und bringt die LAP dieser Organe zur Präzipitation, wie auch mit LAP von Linse, Leber, Niere vom Schwein, Mensch, Schaf, Ziege und schwächer von Ratte, Meerschweinchen und Maus (Abb. 13).

Abbildung 13 veranschaulicht diese Ergebnisse und läßt gleichzeitig erkennen, daß es in den üblichen Ansätzen von Kaninchen-Rinderlinsen-LAP-Antikörper beim Kaninchen selbst nicht ohne weiteres gelingt, die LAP seiner Organe mit dem Antikörper zu präzipitieren.

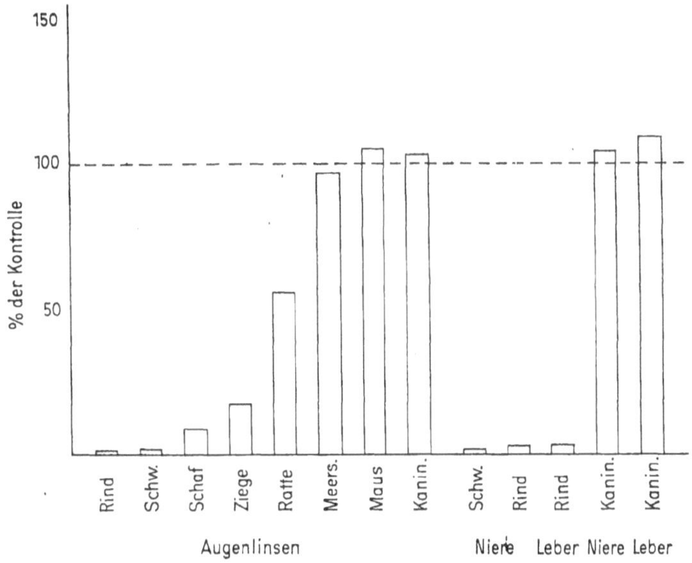

Abb. 13. LAP-Aktivität von Enzymlösungen aus Organen verschiedener Species nach Einwirkung von Rinderlinsen-LAP-Antikörper des Kaninchens 100% = LAP-Aktivität ohne Antikörpereinwirkung

Aus Tabelle 9 ist zu ersehen, daß dies dennoch möglich ist, wenn im Vergleich zu Rind und Ziege die 90—110fache Menge Kaninchenantiserum zur Präzipitation von 90—95% der Organ-LAP des Kaninchens eingesetzt werden. Bei Ratte und Maus muß die 3fache Antikörpermenge eingesetzt werden, um 85—90% der LAP im Homogenat zu inaktivieren. Bei Huhn und Frosch ist es auch bei Einsatz der 400fachen Antikörpermenge möglich, nur 55—60% der LAP zu präzipitieren und beim Fisch (Karpfen) ist selbst ein 2000facher Überschuß Antikörper im

Tabelle 9

Präzipitation von Leucin-Aminopeptidase in Leber-Homogenaten verschiedener Spezies mit einem gegen Rinderlinsen-Leucin-Aminopeptidase gerichteten Kaninchen-Antikörper

Spezies	Relation der benötigten Antikörpermenge für maximale Leucin-Aminopeptidase-Präzipitation	Maximal zu erreichende Leucin-Aminopeptidase-Präzipitation (%)
Rind Ziege	1	90—95
Schwein Schaf Mensch	1,2—1,3	90—95
Meerschweinchen	1,2—1,3	75—85
Ratte Maus	3	85—90
Kaninchen	90—110	90—95
Huhn Frosch	400	55—60
Fisch	2000	0

Links: Kleinste Antikörpermengen, die für eine maximale Leucin-Aminopeptidase-Präzipitation gerade noch ausreichen (bezogen auf die zur Präzipitation des Rinder- und Ziegen-Enzyms erforderliche Antikörpermenge).
Rechts: % Präzipitation der gesamten L-Leucinamid-spaltenden Aktivität der Homogenate unter optimalen Bedingungen.

Vergleich zu Rind und Ziege nicht in der Lage, LAP-Aktivität aus Homogenaten des Fisches auszufällen. Bei bisher daraufhin untersuchten Mikroorganismen (*Micrococcus lysodeicticus*) war die bei diesen vorhandene LAP strukturell von der Rinderlinsen-LAP so verschieden, daß eine Reaktion mit dem LAP-Antiserum des Kaninchens nicht nachweisbar war (R. KOELSCH und H. HANSON). Mit immunologischer Technik läßt sich also eine Verwandtschaft der chemischen Struktur der LAP vom Menschen bis zum Frosch nachweisen. Fische, Avertebraten und Mikroorganismen besitzen zwar ein Enzym mit gleicher Wirkungsspezifität aber deutlichen Strukturunterschieden (Mol-Masse, immunologisch usw.). Das nach allen bisherigen Untersuchungen ubiquitäre Vorkommen der LAP in den Organen der Tier- und Pflanzenwelt und die Nachweisbarkeit dieses Enzyms in bereits sehr frühen Entwicklungs- und Differenzierungsstadien der Organismen lassen die Schlußfolgerung zu, daß es sich um ein phylogenetisch altes Enzymprotein mit wesentlicher Beteiligung am Eiweißumsatz der Zellen handelt, das in allen Differenzierungsstadien der Zelle von der Eizelle bis zu den hochdifferenzierten und spezialisierten Zellen in den Organen der höheren Vertebraten in strukturell sehr ähnlicher Form vorliegt.

K. Schlußbetrachtung

Es war mein Anliegen, auf die Zusammenhänge zwischen Eiweißumsatz und Differenzierungsvorgängen hinzuweisen und von den beiden Komponenten, die enzymatisch den Eiweißumsatz bestimmen, nämlich Proteobiosynthese und Proteolyse, die letztere zusammen mit den daran beteiligten proteolytischen Gewebs- und Organenzymen, den Proteasen oder Peptidasen, eingehender zu erörtern. Es sollte dabei gezeigt werden, daß den Differenzierungsvorgängen tierischer Zellen letztlich Regulationsphänomene intrazellulärer Enzyme zugrunde liegen. Dabei kann die Regulierung der Enzymwirkungen erfolgen einmal über Steigerung und Hemmung der Aktivitäten vorhandener Enzyme, zum anderen, und meist auf längere Zeiträume hin, über Neusynthese oder/und enzymatischen Abbau der Enzymproteine selbst. Es unterliegt wohl keinem Zweifel, daß für das Verständnis des zuletzt erwähnten Vorganges der intrazellulären Proteolyse eine eingehende Kenntnis der daran beteiligten Enzyme unerläßlich ist. Die Untersuchungen von meinen Mitarbeitern und mir sollen diesem Ziel dienen.

LITERATUR

ANSORGE, S., P. BOHLEY, H. KIRSCHKE, J. LANGNER und H. HANSON (1971a): "Metabolism of Insulin and Glukagon. Breakdown of Radioionated Insulin and Glukagon in Rat Liver Cell Fractions", Europ. J. Biochem. **19**, 283–288.

ANSORGE, S., P. BOHLEY, H. KIRSCHKE, J. LANGNER und H. HANSON (1971b): "Intracellular Protein Breakdown. II. Breakdown of Proteins from Rat Liver Cytosol by Endopeptidases", Acta biol. med. germ. **26**, 953–962.

ANSORGE, S., B. KAISER, U. SENGER, P. BOHLEY, J. LANGNER und H. KIRSCHKE (1972): „Metabolismus von Insulin und Glukagon. Über die Heterogenität und zur Charakterisierung der Insulin- und Glukagon-abbauenden Enzymsysteme in Rattenleberzellfraktionen", Acta biol. med. germ. **28**, 761–777.

ANSORGE, S., B. KAISER, P. BOHLEY, H. KIRSCHKE, J. LANGNER, B. WIEDERANDERS und H. HANSON (1973): "Metabolism of Insulin and Glukagon. Glutathione-Insulin-Transhydrogenase from Microsomes of Rat Liver", Europ. J. Biochem. **32**, 27–35.

BOHLEY, P. (1968): „Intrazelluläre Proteolyse", Naturwissenschaften **55**, 211–217.

BOHLEY, P., H. KIRSCHKE, J. LANGNER und S. ANSORGE (1969): „Präparative Gewinnung hochgereinigter Lysosomenenzyme aus Rattenlebern", FEBS-Letters **5**, 233–236.

BOHLEY, P., H. KIRSCHKE, J. LANGNER, S. ANSORGE, B. WIEDERANDERS und H. HANSON (1971): "Intracellular Protein Breakdown" in A. J. BARRET u. J. T. DINGLE "Tissue Proteinases", North Holland Publishing Comp. S. 187–219.

DE DUVE C., B. C. PRESSMAN, R. GIANETTO, R. WATTIAUX and F. APPELMANS (1955): "Tissue Fractionation Studies. 6. Intracellular Distribution Patterns of Enzymes in Rat Liver Tissue", Biochem. J. **60**, 604–617.

GLÄSSER, D. (1971): „Enzymologische und enzymimmunologische Untersuchungen zur Zelldifferenzierung in Augenlinsen", Nova Acta Leopoldina N. F. **36**, Nr. 1971, 1–153.

GLÄSSER, D., M. JOHN und H. HANSON (1970): „Zur Organ- und Speziesspezifität der Leucinaminopeptidase aus Rinderaugenlinsen", Hoppe-Seyler's Z. Physiol. Chem. **351**, 1337–1343.

GLÄSSER, D., U. KETTMANN und H. HANSON (1970): „Über die Eignung des Zink-Hitze-Verfahrens zur Gewinnung und Anreicherung von Enzympräparationen aus verschiedenen Organen (Leucinaminopeptidase und Laktatdehydrogenase aus Augenlinsen, Nieren und Lebern)", Hoppe-Seyler's Z. Physiol. Chem. **351**, 1329–1336.

HANSON, H. (1963): „Über Proteolyse durch intrazelluläre Proteasen", Abhandlungen der Sächsischen Akademie der Wissenschaften zu Leipzig **48**, 1–16.

HANSON, H., D. GLÄSSER und H. KIRSCHKE (1965): „Leucinaminopeptidase aus Rinderaugenlinsen. Kristallisation, Eigenschaften und optimale Wirkungsbedingungen des Enzyms", Hoppe-Seyler's Z. Physiol. Chem. **340**, 107–125.

IWIG, M., und D. GLÄSSER (1973): "Investigations on Mitotic Activity, Cell Density and Enzyme Activities in the Bovine Eye Lens During Cell Differentiation" Ophthalmic Res. **4, 328–342.**

KARLSON, P. (1970): „Kurzes Lehrbuch der Biochemie", 7. Aufl., Georg-Thieme-Verlag, Stuttgart.

KOELSCH, R., und H. HANSON (1971): „Leucinaminopeptidase aus Micrococus lysodeicticus: Anreicherung und Eigenschaften", Acta biol. med. germ. **26**, 1117–1129.

PFEIFFER, E. F. (Hrsg.) (1969): „Handbuch des Diabetes mellitus, Band I", J. F. Lehmann's Verlag, München.

SCHIMKE, R. T. (1969): "On the roles of synthesis and degradation in regulation of enzyme levels in mammalian tissues", in B. L. HORECKER u. E. R. STADTMANN (Hrsg.) "Current topics in cellular regulation", Vol. **1**, 77–124, Academic Press, New York–London.

SCHIMKE, R. T. (1970): "Regulation of Protein Degradation in Mammalian Tissues", 1177–228, in H. N. MUNRO (Hrsg.) "Mammalian Protein Metabolism", Academic Press, New York–London, Vol. IV.

SCHIMKE, R. T., and D. DOYLE (1970): "Control of Enzyme Levels in Animal Tissues", 929–976, in E. E. SNELL (Hrsg.) "Ann. Rev. of Biochemistry", Vol. 39.

SIEKEVITZ, P. (1962): "Preparation of Microsomes and Submicrosomal fractions Mammalian", in S. R. COLOWICH u. N. O. KAPLAN: "Methods in Enzymology", Vol. **5**, S. 61.

STRAUS, W. (1967): "Lysosomes, Phagosomes and related Particles", S. 239–319, in D. B. ROODYN (Hrsg.): "Enzyme Cytology", Academic Press, London–New York, 1967.

TRÄGER, L. (1969): "Einführung in die Molekularbiologie", VEB Gustav-Fischer-Verlag, Jena.

FSC
www.fsc.org
MIX
Papier | Fördert
gute Waldnutzung
FSC® C083411

Kolibri 360 GmbH
Ferdinand-Jühlke-Straße 7
99095 Erfurt, Deutschland
produktsicherheit@kolibri360.de